INSTRUCTIONS SUR L'EMPLOI

DES

VIGNES AMÉRICAINES

A LA RECONSTITUTION

DES VIGNOBLES DE L'HÉRAULT

RÉDIGÉES PAR

GUSTAVE FOËX

PROFESSEUR A L'ÉCOLE NATIONALE D'AGRICULTURE DE MONTPELLIER

Sur l'ordre du Conseil Général de l'Hérault.

MONTPELLIER

TYPOGRAPHIE ET LITHOGRAPHIE BOEHM & FILS

Rue d'Alger, 10.

1882

INSTRUCTIONS SUR L'EMPLOI

DES

VIGNES AMÉRICAINES

A LA RECONSTITUTION

DES VIGNOBLES DE L'HÉRAULT

RÉDIGÉES PAR

Gustave FOËX

PROFESSEUR A L'ÉCOLE NATIONALE D'AGRICULTURE DE MONTPELLIER

Sur l'ordre du Conseil Général de l'Hérault.

MONTPELLIER

TYPOGRAPHIE ET LITHOGRAPHIE BOEHM & FILS

Rue d'Alger, 10.

1882

INSTRUCTIONS SUR L'EMPLOI

DES

VIGNES AMÉRICAINES

A LA RECONSTITUTION

DES VIGNOBLES DE L'HÉRAULT

CHAPITRE PREMIER.

De la Reconstitution des Vignobles dans l'Hérault.

Inconvénient de replanter des vignes Françaises.

Toutes les vignes du pays périssent sous l'action du Phylloxera, à moins qu'elles ne soient plantées dans des terrains de sable marin ou soumis à la submersion. Leur destruction a lieu habituellement de la troisième à la cinquième année de leur existence, suivant les sols : comme il n'y a pas lieu d'espérer voir disparaître le Phylloxera de nos contrées, les replantations de plants français constituent une mauvaise opération. En effet, les frais de plantation et d'entretien d'un vignoble ainsi reconstitué doivent être supportés par un produit que l'on peut évaluer tout au plus à l'équivalent de deux récoltes ordinaires, souvent à une seulement, et, pour peu que la gelée, la grêle, la pyrale ou d'autres accidents surviennent, à bien moins encore.

Il vaut mieux planter des vignes Américaines.

En plantant au contraire des vignes américaines *résistantes au Phylloxera*, on est assuré de recueillir pendant longtemps le fruit de ses peines et avances.

Résistance des vignes Américaines.

Les vignes américaines appartiennent à des espèces très différentes de celles de nos pays, et elles sont toutes douées d'un degré de résistance au Phylloxera supérieur à celui que possèdent ces dernières. Néanmoins, certaines d'entre elles: l'*Isabelle*, le *Catawba* (de l'espèce LABRUSCA) et le *Gœthe*, le *Wilder*, le *Rulander* (qui sont des *hybrides* obtenus entre des vignes américaines et des vignes d'Europe), finissent par succomber aux attaques de cet insecte. D'autres, au contraire, telles que les RIPARIA sauvages, le *Solonis*, le *Taylor*, le *Clinton*, le *Clinton Vialla* ou *Vialla*, le *Franklin*, l'*York-Madeira*, le *Rupestris*, le *Jacquez*, l'*Herbemont*, le *Cunningham*, le *Black-July* et plusieurs autres moins bien connus, vivent très bien au milieu du Phylloxera, *à la condition d'être plantés dans le sol qui leur convient.*

Il existe des *Jacquez*, des *Herbemonts*, des *Solonis*, des *Taylors*, des *Clintons*, des *Vialla* et des *York-Madeira* depuis 1866, chez M. Laliman, à Bordeaux ; plusieurs de ces cépages sont cultivés à peu près depuis la même époque chez Mme veuve Borty, à Roquemaure (Gard) ; toutes ces variétés résistent depuis

1872, chez M. Aguillon, à Chibron près Signes (Var), et sur un grand nombre d'autres points depuis 1873. Enfin, on a constaté sûrement, en 1834, la présence du Phylloxera au Texas (États-Unis), où les vignes continuent à se bien porter en ce moment, c'est-à-dire après quarante-huit ans d'existence, en présence de l'insecte.

La résistance des vignes américaines est due à ce que leurs racines sont plus dures que celles des vignes d'Europe et que le Phylloxera ne peut y produire que des blessures légères, tandis qu'il détermine la pourriture de celles de ces dernières ; l'insecte est en outre moins abondant sur les racines de la plupart des vignes américaines. On a donc toute garantie de les voir se maintenir dans nos vignobles, et on a intérêt, quoiqu'elles coûtent plus cher en ce moment que celles du pays, à les planter de préférence à ces dernières.

La replantation en vignes Américaines coûte moins cher qu'on ne le pense.

Du reste, il ne faut pas croire que la dépense nécessaire à la replantation en vignes américaines soit très considérable si on ne fait pas les choses trop vite : une bouture de RIPARIA *sauvage* peut : déjà au bout de la première année de plantation, en fournir 3 ; au bout de la seconde 25, et de la troisième 45 ; si l'on utilise toutes les boutures ainsi produites au fur et à mesure qu'on les a récoltées, cela donne à la fin de la troisième année 160 plants ou boutures. De telle sorte que 100 RIPARIAS, qui coûtent 6 à 7 francs, produiront au bout de trois ans 16,000, ou en supposant une non-réussite de 10 pour cent, 14,400 plants ou boutures, c'est-à-dire assez pour planter plus de 3 hectares [1].

---

[1] Ces chiffres ont été pris à dessein au-dessous de la réalité ; on arrive généralement à des résultats meilleurs.

CHAPITRE II.

Choix des cépages Américains à replanter.

Les vignes américaines que nous venons de désigner comme résistant au Phylloxera d'une manière suffisante, ne peuvent pas être employées indifféremment à la replantation d'un vignoble. Les unes, en effet, donnent un vin estimé par le commerce, tandis que les autres ne peuvent, à cause du goût particulier de leur fruit ou de leur stérilité, servir que comme porte-greffes de nos anciennes vignes. Enfin, toutes ne prospèrent pas également bien dans tous les sols, et il est par conséquent important de ne planter dans le terrain dont on dispose que les variétés qui ont chance d'y réussir. Nous allons donc voir, en premier lieu, quelles sont les qualités particulières des principaux cépages américains, et nous verrons ensuite quels sont ceux qui devront être choisis dans les différents cas indiqués précédemment.

ÉTUDE DES VARIÉTÉS DE VIGNES AMÉRICAINES LES PLUS IMPORTANTES.

Les variétés de vignes américaines ont été classées, en tenant compte des ressemblances ou des différences qu'elles offrent entre elles, en une série de groupes (espèces) dont nous ne donnerons pas ici une énumération complète. Nous mentionnerons seulement les quatre suivants, qui renferment tous les cépages dignes de fixer l'attention des viticulteurs praticiens : 1° *V. Æstivalis*, 2° *V. Riparia*, 3° *V. Rupestris*, 4° *V. Labrusca*.

Les Æstivalis.

Les V. ÆSTIVALIS sont ceux qui ressemblent le plus à nos vignes du pays ; leur fruit n'a pas de goût particulier, ils peuvent seuls servir de producteurs directs, tandis que le prix élevé de leur bois et la difficulté relative de leur reprise par bouture leur font généralement préférer d'autres cépages comme porte-greffes. Leurs principales variétés sont : le *Jacquez*, l'*Herbemont*, le *Black-July* et le *Cunningham*.

Jacquez. — Le *Jacquez* a les *sarments* de moyenne grosseur, d'une couleur rouge acajou foncé ; ses *jeunes pousses*, au moment du débourrement, sont d'un rouge lie de vin ; ses *feuilles* sont grandes, d'un vert assez foncé et un peu luisant en dessus ; elles sont découpées en cinq parties (lobes), celle d'en bas formant habituellement comme une langue très séparée des autres ; ses *grappes* sont ailées et allongées, avec de petits *grains* renfermant un jus d'un noir bleuâtre. Il mûrit un peu avant l'*Aramon*, mais peut attendre sans inconvénient, sur la souche, la récolte de ce dernier.

Quoique le *Jacquez* porte bien la greffe de la plupart de nos vignes d'Europe, pour les raisons que nous avons indiquées plus haut, c'est comme producteur direct qu'il est surtout cultivé. Sans donner aussi abondamment que nos anciennes variétés à grand rendement, telles que l'*Aramon*, le *Carignan*, etc..., sa production semble se rapprocher de celle de nos cépages de fertilité moyenne[1], *Espar*, *Mourastel*, etc.

Il produit un vin très coloré et riche en alcool, que le commerce a payé jusqu'à 70 fr. l'hectolitre l'année dernière (1881).

Le *Jacquez* a prospéré dans presque toutes les natures de sol où il a été expérimenté jusqu'ici ; mais c'est dans les terres riches, profondes et bien saines qu'il réussit le mieux. On l'a vu au contraire quelquefois faiblir, après plusieurs années de végétation, dans des terrains à fond de craie ou de tuf rapproché de la surface, ou dans des sols de plaine dont les couches inférieures sont rendues humides par une nappe d'eau souterraine peu profonde.

---

[1] On a obtenu jusqu'ici, en taillant par les anciens procédés du pays, de 40 à 50 hectolitres à l'hectare dans de bons terrains.

Enfin il reprend de bouture un peu plus difficilement que nos vignes du pays; aussi doit-on le planter en pépinière pour le faire enraciner ; mais dans ces conditions, si l'on fait usage de bois bien aoûtés et bien conservés, il peut réussir dans la proportion de 80 à 90 %.

En somme, on peut considérer le *Jacquez*, à cause de la qualité de ses produits et de la facilité avec laquelle il réussit, comme le meilleur des producteurs directs américains, et c'est lui que l'on devra préférer dans presque tous les cas parmi eux.

Herbemont. — L'*Herbemont* ressemble assez à première vue au *Jacquez*, mais ses *sarments* sont plus étalés sur le sol et plus longs, leur couleur est plus grisâtre ; les *feuilles* sont d'un vert moins foncé et garnies à la face inférieure de poils plus raides. Les jeunes pousses, au débourrement, sont roses. La *grappe* est longue, ailée, à grains plus serrés que chez le *Jacquez*; se *grains*, petits, noir bleuâtre, n'ont pas le jus coloré ; il mûrit en même temps que le précédent.

L'*Herbemont* donne un vin plus fin que celui du *Jacquez* lorsqu'il a été récolté dans une situation convenable ; malheureusement, sa faible coloration ne lui permet pas de rivaliser avec lui auprès du commerce, et sa production n'est pas suffisante pour compenser l'infériorité de prix qui résulte de ce fait.

Malgré ce grave inconvénient, ce cépage jouerait un certain rôle dans les nouvelles plantations, n'était le nombre peu considérable de terrains où il réussit. C'est dans les terres cailouteuses, perméables, faciles à échauffer au printemps et conservant pourtant pendant l'été une certaine fraîcheur, qu'il a la meilleure végétation. Les sols à cailloux siliceux ou calcaires colorés en rouge, ainsi que l'a démontré M. Vialla, lui conviennent très bien.

L'*Herbemont* est plus difficile à faire reprendre que le *Jacquez* ; pourtant, lorsqu'on opère dans de bonnes conditions, on peut encore en faire réussir de 60 à 70 °/₀ en pépinière.

En somme, l'*Herbemont* devra occuper des surfaces beaucoup moindres, même dans les parties du vignoble de l'Hérault où il réussit, que le *Jacquez*, et il ne sera prudent de le planter en quantité un peu considérable que quand on se sera assuré par une expérience faite en petit, qu'il peut prospérer dans le terrain dont on dispose.

Black-July. — Le *Black-July* est un cépage très vigoureux et très résistant au Phylloxera. Ses *sarments* sont étalés sur le sol, mais un peu moins que ceux du *Cunningham*; ils sont d'une couleur rouge violet foncé. Ses *feuilles* sont de moyenne dimension, non divisées ou légèrement partagées en trois parties, d'un vert assez foncé en dessus et un peu pâle en dessous. Les *jeunes feuilles* sont très peu blanches sur les deux faces et rosées sur les bords. La *grappe* est petite, serrée. Le *grain* est petit, d'un noir bleuâtre foncé.

Le vin de *Black-July* est moins coloré que celui du *Jacquez* et moins fin que celui de l'*Herbemont*, néanmoins il peut être considéré comme ayant une valeur suffisante ; malheureusement la production de ce cépage est trop peu considérable pour que l'on ait intérêt à le multiplier beaucoup.

Le *Black-July* s'accommode de tous les terrains qui ne sont pas trop humides ou trop froids. Il reprend facilement de bouture.

Cunningham. — C'est, après l'*Herbemont* et le *Jacquez*, le plus répandu des ÆSTIVALIS dans nos cultures ; il ressemble beaucoup au *Black-July*. Ses *sarments* sont plus étalés sur le sol que ceux de ce dernier ; les *jeunes feuilles* sont velues et blanches sur les deux faces et non rosées sur les bords, comme celles du *Black-July*. La *grappe* est très serrée, de moyenne dimension, souvent ailée. Le *grain* est petit, noir grisâtre. Le vin de *Cunningham*, qui est riche en alcool et présente certaines qualités, manque malheureusement de couleur ; aussi ne peut-on en faire que des vins blancs, que l'insuffisante fertilité de ce cépage ne permet pas de produire très avantageusement.

Le *Cunningham* paraît susceptible de se développer à peu près dans toutes les natures de sol, à la condition toutefois qu'ils ne soient pas humides et froids à l'excès. Il prospère mieux que tout autre dans les terrains de cailloux roulés mélangés de terre rouge.

Ce cépage est enfin aussi difficile à faire reprendre de bouture que l'*Herbemont*, ce qui fait que malgré sa vigueur on ne peut guère songer à lui pour en faire un porte-greffe.

CHAPITRE III.

Les Riparias.

Les V. Riparias ne servent que comme porte-greffe : lorsqu'ils ne sont pas tout à fait infertiles, ainsi que cela arrive souvent pour les variétés sauvages de cette espèce, ils sont peu productifs et leur fruit a un goût désagréable. Mais ce sont d'excellents porte-greffes, vigoureux, reprenant facilement de bouture, et d'un prix peu élevé.

Les variétés les plus répandues de cette espèce sont : 1° Les Riparias *sauvages*, que l'on appelle généralement Riparia tout court, 2° le *Solonis*, 3° le *Clinton*, 4° le *Taylor*, 5° le *Vialla*.

Riparia sauvage. — Les Riparias *sauvages* ont des formes très-diverses : les uns sont *tomenteux*, c'est-à-dire ont comme un léger duvet velouté sur les extrémités des jeunes rameaux et sur les jeunes feuilles; les autres sont *glabres*, c'est-à-dire n'ont de poil ni sur leur bois ni sur leurs feuilles; certains d'entre eux ont le bois rouge, d'autres brun, d'autres blanc sale. Quoi qu'il en soit, ils sont facilement reconnaissables à leurs sarments longs, minces et étalés sur le sol, à leurs *feuilles* généralement en cœur et non divisées, les *jeunes feuilles* restant un certain temps repliées en gouttière; enfin, soit à leur infertilité, soit à leur *fruit*, qui ne forme que des *grapillons* avec de petits grains noirs.

Certains RIPARIAS ont de petites feuilles et des sarments grêles et rabougris; on doit les rejeter des cultures. Ceux dont les racines sont dures et minces sont ceux que l'on doit généralement préférer, mais on peut planter utilement tous les RIPARIAS, sauf ceux à petites feuilles.

Ces plants ont réussi jusqu'ici dans tous les terrains où on les a plantés, sauf dans ceux qui étaient trop humides ou formés par du tuf ou de la craie. Grâce à la presque certitude que l'on a de réussir en les plantant, et à la manière remarquable dont ils portent la greffe de nos vignes du pays, on devra les préférer presque dans tous les cas aux autres variétés de porte-greffes.

Solonis. — Le *Solonis* diffère des RIPARIAS *sauvages* ordinaires par ses *sarments* recouverts d'un léger duvet vers les extrémités, et qui conservent après l'aoûtement des traces de ce duvet semblables à des débris de toiles d'araignée ; ses *feuilles* sont légèrement repliées en gouttière et leur pointe est recourbée en dessous, elles sont d'un vert glauque ; les *jeunes feuilles* sont recouvertes en dessus et en dessous d'un duvet blanchâtre.

Très anciennement résistant, doué d'une vigueur remarquable et susceptible d'un développement considérable dans les endroits qui lui conviennent, il nourrit bien la greffe de la plupart de nos cépages français.

Il réussit mieux que les RIPARIAS *sauvages* ordinaires dans les sols un peu humides et dans ceux à sous-sol de tuf ou de craie peu profond.

Le *Solonis* reprend assez facilement de bouture (80 à 85 %), à la condition de ne pas employer de trop gros sarments.

Clinton. — Le *Clinton* se reconnaît facilement aux *feuilles* des extrémités de ses rameaux qui sont légèrement velues, et à ses *grappes* moyennes ou petites, compactes, non ailées, formées de grains petits, noirs, d'un goût particulier.

Ce cépage ne réussit que dans un petit nombre de sols, aussi est-il très hasardeux de le planter dans un endroit où il n'a pas encore été cultivé. Ce sont les terres de moyenne consistance, légères, perméables et fraîches, dans lesquelles il végète le mieux. Il redoute les terres fortes, froides et humides, les sols peu profonds ou calcaires. Quelquefois, après avoir

végété convenablement pendant quelques années dans un terrain donné, lorsque ses racines rencontrent un sous-sol qui ne lui convient pas, il cesse de se développer et décline.

En somme, le *Clinton* est une variété peu
recommandable à cause de l'incertitude des résultats que l'on peut obtenir par son moyen ;
il est toujours préférable d'employer à sa place
les RIPARIAS *sauvages*.

Taylor. — Ce cépage ressemble assez au
Clinton ; il en diffère par sa *souche*, qui est plus
grosse, et par ses *jeunes feuilles*, qui ne sont
pas duveteuses comme celles de ce dernier.

Le *Taylor* est très vigoureux et porte très
bien la greffe de tous nos cépages français
noirs ou blancs ; mais comme le *Clinton*, quoiqu'à un moindre degré, il est loin de réussir
partout : les terres trop argileuses, trop caillouteuses, trop humides ou froides, ou trop
sèches, lui sont nuisibles. Lorsqu'on le place,
au contraire, dans des sols de consistance

moyenne ou même un peu forte, pourvu qu'ils soient bien égouttés, ou dans des terrains légers mais frais, on peut le regarder comme l'un des meilleurs porte-greffes dont on puisse faire usage. Mieux qu'aucun autre il prospère dans les mauvais terrains de tuf blanc.

Quoi qu'il en soit, et sauf dans le dernier cas que nous venons de mentionner, à moins qu'une expérience préalable n'ait bien prouvé que ce cépage peut réussir dans le sol dont on dispose, il vaut mieux recourir tout de suite au RIPARIA *sauvage*.

Vialla. — Le *Vialla* a des *feuilles* assez grandes, non divisées, d'un vert foncé à la face supérieure et garnies d'un duvet plus ou moins clair à la face inférieure ; ses *grappes* sont petites, non ailées, presque toujours lâches par suite de la coulure, à *grains* noirs foncés, à chair résistante, d'un goût désagréable.

Ce cépage n'offre aucun intérêt au point de vue de la production directe, à cause de la mauvaise qualité et de la faible quantité de vin qu'il produit ; c'est au contraire un très bon porte-greffe dans les terrains pas trop secs et suffisamment profonds. Malgré ses qualités, à ce dernier point de vue il est peu employé, à cause de son prix assez élevé.

Le Rupestris.

Le V. RUPESTRIS n'a encore que des types sauvages impropres à donner du vin, mais ils portent bien la greffe de nos cépages et réussissent très bien dans les terrains secs et arides, dans les sols sableux et de calcaire dur, où les RIPARIAS *sauvages* ne peuvent quelquefois pas vivre.

Leur reprise de bouture est comparable à celle du *Solonis*; comme pour ce dernier cépage, il vaut mieux employer des boutures petites ou moyennes, plutôt que grosses.

Le V. RUPESTRIS est reconnaissable à sa forme hérissée, en buisson, et à ses feuilles d'un vert glauque, luisantes quand elles sont jeunes, et constamment repliées en gouttières.

Les Labrusca.

Parmi les Labrusca, un seul type est digne d'intérêt au point de vue pratique : c'est l'*York-Madeira*.

York-Madeira. — Ce cépage est médiocrement vigoureux. Ses *sarments* sont grêles et longs, ses *feuilles* de moyenne dimension, non divisées, d'un vert assez foncé et non unies à sa face supérieure, elles sont garnies en dessous d'un duvet assez serré : sa *grappe* est petite, à *grains* assez petits, noirs, à chair résistante et d'un goût désagréable.

L'*York-Madeira* est très résistant au Phylloxera et vient à peu près dans tous les terrains, sauf ceux qui sont crayeux. C'est, avec le Rupestris, le porte-greffe que l'on doit choisir pour les terrains *très caillouteux* et *très secs*, où les Riparias ne se développent pas toujours bien ; dans les terres moins arides, on doit lui préférer ce dernier cépage, qui est plus vigoureux et nourrit mieux les greffes françaises.

CHAPITRE IV.

Choix des vignes Américaines.

Choix par rapport au sol.

Nous résumerons et nous compléterons ce que nous avons dit plus haut sur les sols qui conviennent aux diverses espèces et variétés américaines, en indiquant pour divers terrains ceux de ces cépages qui ont chance d'y réussir.

1° Terres profondes, fertiles et fraîches :

Cunningham.

Jacquez.

Solonis.

2° Terres profondes, un peu fortes, mais s'égouttant facilement :

Cunningham.

Jacquez.

Herbemont (surtout si elles sont rouges
et caillouteuses).

Solonis.

Riparia *sauvage.*

3° Terres profondes, de moyenne consistance,
bien égouttées, ne se désséchant pas trop en été:

Jacquez.

Cunningham.

Black-July.

Solonis.

Riparia *sauvage.*

Vialla.

Taylor.

4° Terres légères, caillouteuses, profondes,
bien égouttées, ne se desséchant pas trop en été :

Jacquez.

Cunningham.

Herbemont. } surtout si elles sont rouges et non

Clinton. } calcaires pour le *Clinton.*

Vialla.

Taylor.

Riparia *sauvage*.

Rupestris.

5° Terres sableuses profondes, suffisamment fertiles:

Jacquez.

Cunningham.

Black-July.

Solonis.

Riparia *sauvage*.

Clinton (si le sable n'est pas trop calcaire.

Rupestris.

6° Terres légères, caillouteuses, calcaires, sèches et arides:

Riparia *sauvage*.

Rupestris.

York-Madeira.

7° Terres peu profondes avec fond de tuf:

Solonis.

8° Terres formées par des débris de tuf mais suffisamment profondes :

Taylor.

CHOIX ENTRE LES PRODUCTEURS DIRECTS ET LES PORTE-GREFFES.

Aucune vigne américaine ne donne des produits aussi considérables que ceux de certaines de nos anciennes vignes du pays, telles que l'*Aramon*, le *Petit-Bouschet*, etc.'; aussi est-il nécessaire, pour obtenir de nouveau les récoltes abondantes qui avaient fait la fortune de l'Hérault, de reprendre les mêmes cépages et de les greffer sur pied américain; les porte-greffes doivent donc occuper la plus grande partie du nouveau vignoble.

Néanmoins le *Jacquez*, qui donne un très beau vin de coupage qui se vend à un prix élevé (jusqu'à 70 fr. l'hectolitre en 1881), doit avoir une certaine place dans les plantations, afin d'ajouter de la couleur et de l'alcool à nos vins faibles d'*Aramon*.

Pour ceux qui ont déjà beaucoup de *Jacquez* et qui ne sont pas obligés d'acheter des bou-

ıres de ce plant, le mieux est d'en complanter
ous les terrains dont ils disposent et où il est
usceptible de réussir. Ils pourront ainsi, tant
ue les hauts prix de son vin se maintiendront,
n tirer parti comme producteur direct, quitte
lus tard à en greffer la plus grande partie
orsqu'ils trouveront intérêt à revenir à une
roduction plus abondante.

TABLE DES MATIÈRES.

LIVRES SUR LES VIGNES AMÉRICAINES·

Manuel pratique de Viticulture pour la reconstitution des Vignobles méridionaux. — Vignes américaines. — Submersion. — Plantation dans les sables ; par G. Foex, professeur à l'École Nationale d'Agriculture de Montpellier, avec 32 figures. Coulet, éditeur, Grand'Rue à Montpellier.. 3 fr.

Essai d'une Ampélographie universelle; par le comte J. de Rovasenda. Traduit, annoté et augmenté, par MM. le Dr F. Cazalis, directeur du *Messager Agricole*, et le Professeur G. Foex, de l'École Nationale d'Agriculture de Montpellier. C. Coulet, libraire, Grand'Rue à Montpellier. 7 fr.

Traité théorique et pratique du Greffage de la Vigne, par Champin (Aimé), avec 70 figures dans le texte. C. Coulet, Montpellier............................... 6 fr.

La Vigne Américaine et la Viticulture en Europe ; revue publiée par MM. V. Pulliat et J. E. Robin, sous la direction de M. J.-L. Planchon; parait chaque mois. M. Robin, à la Peyrouse-Mornay, par Epinouze (Drôme) Un an .... 6 fr.

Petit Manuel de Viticulture américaine ; par le Dr G. Davin, de Pignans (Var). Draguignan, 1880. Latil, Esplanade 4................................... 2 fr.

Grande culture de la Vigne Américaine en France ; par Mme la Duchesse de Fitz-James. C. Coulet, Grand'Rue, à Montpellier...................... 1 fr.

Les Vignes Américaines dans le Sud=Ouest ; par M. Lespiault. C. Coulet, Grand'Rue, à Montpellier 1 fr.